疾控科普系列
伤害预防丛书

儿童溺水预防

——有效看护是关键

爱，从安全做起
——儿童伤害预防指导
Love with safety first
Childhood Injury Prevention

中国疾病预防控制中心慢性非传染性疾病预防控制中心 全球儿童安全组织 (中国) 编著

人民卫生出版社

编写委员会

主　编　段蕾蕾
副主编　邓　晓　崔民彦
编　委　（按姓氏笔画排序）
　　　　叶鹏鹏　耳玉亮　纪翠蓉　汪　媛　金　叶　高　欣

致　　谢

　　《儿童溺水预防》是《爱，从安全做起——儿童伤害预防指导》系列丛书的第四册，本书旨在通过传递儿童溺水预防知识，保护儿童远离溺水。

　　中国疾病预防控制中心慢性非传染性疾病预防控制中心和全球儿童安全组织（中国）谨对在本书编写过程中提供专业指导和技术支持的专家王荃、申勇、曹红霞、程玉兰、孟瑞琳、李辉、林萍、赵鸣表示衷心的感谢！

亲爱的读者：

　　戏水是孩子的天性。去泳池戏水，去大海畅游，这是很多孩子所向往的。蓝蓝的大海，起浮的海浪给孩子犹如鱼儿一样的自由感；清清的池水，则给孩子平静而舒适的平和之感。水带来了乐趣，可是您知道吗？如果当孩子在水中或水边，您没有有效地看护，或当孩子遇险时，您没能及时发现或给予救助，那么，水给您和您的孩子带来的可能不是快乐，而是不幸。

　　溺水是我国儿童的首位致死原因。认识儿童溺水、了解预防要点，让我们行动起来，帮助儿童远离溺水！

中国疾病预防控制中心慢性非传染性疾病预防控制中心

全球儿童安全组织（中国）

2019年7月

目录

目录

01 溺水，儿童健康的头号杀手

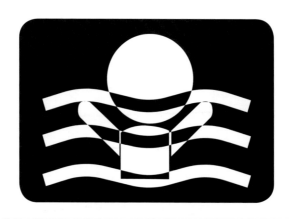

溺水发生过程十分迅速，一旦发生，结果往往是致命的。

可怕的儿童溺水

> 溺水是我国1～14岁儿童的首位致死原因，是威胁我国儿童生命安全的头号杀手。

- 我国每年有超过1.7万名0～17岁儿童死于溺水，占所有溺水死亡人数的三分之一。

- 1～4岁儿童溺水死亡率最高，死于溺水的男童是女童的2.4倍。

儿童溺水高发地点

· 0~4岁儿童：室内脸盆、水缸及浴池等。
· 5~9岁儿童：水渠、池塘和水库等。
· 10岁以上儿童：池塘、湖泊和江河等。
· 管理不规范的泳池和戏水场所。

溺水事实

只要是有积水的地方，孩子就有可能发生溺水

即使是盆中很浅的水，孩子也有可能发生溺水。

溺水事实

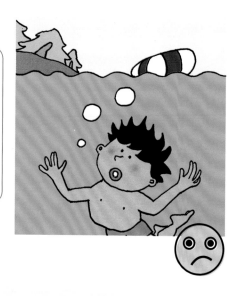

溺水是无声的
水花与波浪可能很小；孩子可能发不出声音来呼救。

溺水是快速的
儿童溺水后，仅仅2分钟就可能发生窒息，4～6分钟就可能发生溺死。

溺水事实

游泳课是必要的，但即使会游泳，也可能发生溺水
游泳是一种在水中生存的技能。但是，如果缺乏有效看护，即使是会游泳的孩子，也可能发生溺水。

溺水事实

> **无效看护是造成儿童溺水的主要原因之一**
> 无效看护包括：
> ·看护人注意力没有全程放在孩子身上。
> ·看护人不具备看护能力，如未成年的大孩子看护小孩，遇到溺水无法实施救援。
> ·看护人过度依赖救生员。

02 预防儿童溺水，我们可以做到

家中与家周围溺水预防

提问1
孩子自己在水中玩得很高兴，家长离开5分钟应该没事的，是吗？

提问2
水桶里只装有3厘米深的水，可能会引发儿童溺亡吗？

家中与家周围溺水预防

可以避免的事故

案例1: 家长离开5分钟, 1岁幼儿在家中游泳溺亡

2018年7月的一个下午, 青岛某医院接诊了一例溺水窒息的患儿。医生了解到, 当天中午, 孩子妈妈将其放入家用塑料泳池中玩, 看着一岁多的孩子自己玩得很好, 便转身忙活别的去了, 大约5分钟后回来看孩子时, 发现孩子已经浮在水面上溺水窒息。孩子妈妈立即拨打120, 可待孩子送至医院急诊科抢救时, 已为时太晚了。

家中与家周围溺水预防

可以避免的事故

案例2：9个月男孩掉进家中水桶溺水

2017年2月，在东莞，妈妈给9个月大的童童洗完澡后，没有立即倒掉桶里的洗澡水，就自己到厨房忙活。童童和姐姐一起玩耍。大约有半个小时，妈妈没看到童童。期间，刚学会爬的童童不知怎么地爬到卫生间水桶旁，扶着水桶站起来玩水，一头掉进水桶。等到童童妈妈发现童童时，孩子已没有反应了，她赶紧把孩子送到附近的医院进行抢救。

家中与家周围溺水预防

有效看护
家中时刻有一位家长专心看护孩子。

家中与家周围溺水预防

家中环境安全
· 清空: 水盆等容器中的水, 使用后立即清空。
· 加盖: 家中水缸等需要加盖。
· 关门: 家有儿童的, 平时应该关上洗手间的门。

家中与家周围溺水预防

家周围环境安全

·水井：家周围有开放水井的，需要加盖或围栏，或改为泵式封闭式水井。

·景观水域：小区内景观水域应有围栏，注意检查栏杆的间宽儿童是否能够穿过；教导孩子不要穿越或攀爬栏杆。

家中与家周围溺水预防

洗浴安全

·洗浴前，准备好所有的东西（衣服、用具等），才能让幼儿进入洗浴间。

·这样可以避免孩子洗浴时，家长突然发现遗忘东西而去拿，导致孩子独自在水中发生溺水。

家中与家周围溺水预防

· 洗浴时，不建议在浴盆中放凳子，让孩子坐在凳子上。孩子可能会因为凳子不稳而倒在水中。
· 洗浴时，如果孩子在水中，任何情况下都不要离开，例如取快递、接电话等。

家中与家周围溺水预防

· 洗浴后，如果浴盆中有孩子的玩具，应立刻从水中取出，以免孩子自己去取，而导致摔入水中。
· 洗浴后，立即清空浴缸或者浴盆里的水。

家中与家周围溺水预防

提示：
- 有效看护孩子。
- 应在使用后立即清空容器中的水。
- 通过加盖或围栏将儿童与水体隔离开。

答案：
提问1: 孩子自己在水中玩得很高兴, 家长离开5分钟应该没事的, 是吗?
答: 不是。
提问2: 水桶里只装有3厘米深的水, 可能会引发儿童溺亡吗?
答: 是, 有可能。

亲子互动

小明要从水中捡起玩具。
A与B，哪一种方法是对的?
请给对的方法打 ✔;
错的打 ✘。

答案：B的方法是对的。

我来捡起玩具!

爸爸，帮我捡起
玩具，好吗?

🧎 亲子互动

小明与小费看到戏水池可高兴了。

A: 小明把脚伸到池中玩。

B: 小费在池边，观赏池水。

小明与小费，哪个小朋友做得好？

请给做得好的小朋友打 ✔;

做得不好的打 ✘。

答案：B，孩子在戏水池旁观赏（对）。

游泳馆溺水预防

提问1
孩子在水中套着泳圈，一定是安全的吗？

提问2
游泳馆里有救生员看着，我孩子在水中有危险时，救生员就一定会及时发现的，是吗？

游泳馆溺水预防

可以避免的事故

案例1：被游泳圈套住无法翻身，而发生溺水

2017年5月，在山东烟台招远一家儿童游泳馆内发生一幕惨剧。一个孩子套着游泳圈在泳池中玩，突然套着泳圈头向下，两脚向上，在水中挣扎了1分多钟。此时，隔着玻璃，有成人在聊天，可没人发现，一直到孩子奄奄一息，才被救起。

游泳馆溺水预防

可以避免的事故

案例2：6岁幼童在小区游泳池溺水，当时父母就在现场

2017年7月，在桂林，一位6岁儿童在小区泳池游泳，擅自从浅水区游到了深水区，结果发生溺水。当问及在场的父母时，父母说孩子下水时是在儿童区，但不知怎么地，一个不注意，孩子就游到深水区了。

游泳馆溺水预防

游泳前

1. 去有资质、有救生员的游泳馆。

游泳馆溺水预防

游泳前

2. 仔细阅读并遵守泳池规则。

游泳馆溺水预防

游泳前

3. 下水前做好热身操，并注意以下细节问题：

· 对水的感觉：孩子本身是否喜欢水。

· 下水的时间：空腹、过饱、剧烈运动后不要下水。

游泳馆溺水预防

游泳前

4.了解深水区和浅水区位置和深度。

5.了解救生员的位置，和救生员打个招呼。

游泳馆溺水预防

游泳前

6.了解孩子的游泳技能。

7.孩子应知道自救的技能，并
  了解水深。

游泳馆溺水预防

游泳前

8.家长应学会心肺复苏。

游泳馆溺水预防

游泳中

1.不在水中打闹，不要推人下水。

游泳馆溺水预防

游泳中

2.身体不适时，立即上岸。

游泳馆溺水预防

游泳中
3.在规定区域游泳，不到深水区游泳。

游泳馆溺水预防

游泳中
4.不在水中吃东西。

游泳馆溺水预防

游泳中

5.如果使用漂浮装置，需要使用专业漂浮装置，如救生衣、背漂等。即使使用了漂浮装置，家长仍应保持时刻看护。

注意，吹气的塑料玩具游泳圈不能保证儿童不溺水。

游泳馆溺水预防

游泳馆中，以下
行为将带来危险
· 奔跑。
· 花式入水。

游泳馆溺水预防

> **游泳馆中，以下行为将带来危险**
> · 水中憋气。
> · 水中打闹。

游泳馆溺水预防

提示:
- 有效看护孩子。
- 永远遵守泳池规则。
- 吹气的塑料泳圈，不能保证儿童不溺水。

答案:
提问1: 孩子在水中套着泳圈，一定是安全的吗?
答: 不对。
提问2: 游泳馆里有救生员看着，我孩子在水中有危险时，救生员就一定会及时发现的，是吗?
答: 不对。

🧑‍🤝‍🧑 亲子互动

以下两张图 A 与 B，哪些小朋友的水中戏水是安全的？
请给"安全"打 ✔；"不安全"打 ✘。

答案：B，小朋友们在水中有序嬉戏，安全。

亲子互动

A图：小朋友跳入水中；B图：小朋友从扶梯上走下入水。哪位小朋友的水中戏水是安全的？

请给"安全"打 ✔；

"不安全"打 ✘。

答案： B，小朋友从扶梯走入水，安全。

户外水域溺水预防

提问1
水看上去很浅很平静，游一下没有问题？

提问2
因为大家都在这游泳，所以我也可以游？

户外水域溺水预防

可以避免的事故

案例1: 5名高中学生水库戏水 2人溺水失联

2017年5月28日中午，广西平南县5名高中学生到六陈水库戏水，其中两名在游泳时不幸溺水失联。学生们常看到有人在水库中游泳，以为没有问题，但其实这个水库不是游泳的场所。

户外水域溺水预防

可以避免的事故

案例2: 男孩下河游泳 暗流卷走2人

2016年8月，在湖南平江的7名小学生相约到河边抓螃蟹，其中2人因打完篮球觉得热，就脱衣下河游泳。看似浅而平静的河水，两人一下水，就被暗流卷走了。

户外水域溺水预防

认识水域的危险

当我们游泳时，一定要去规定的游泳区域，因为非游泳区域的水域有着以下的危险：

1. 水面看上去平静，实际可能有暗流。
2. 水面看上去很浅，实际可能水很深或有深坑。
3. 水面看上去清澈，实际水下视线有限，可能看不清隐藏的危险。

户外水域溺水预防

认识水域的危险

4. 水面向下看很平坦，实际不远处就有可能有岩石或水草。
5. 水的温度，可能比你想象的要低。
6. 在水中，距离难以确定，常常会比想象中的要远，要深（因为水会折射光线，使人们视觉有偏差）。

户外水域溺水预防

海滩规范区域 / 浴场游泳：

- 有监管员、救生员，有区域围栏，有游泳须知标示（包括开放时间），表示这里是一个有完备保护措施、具备开放资质的游泳场所。
- 可游泳的水域，可在开放时间与成人一起游泳。
- 没有监管员、没有救生员的区域不可游泳。

户外水域溺水预防

海滩规范区域 / 浴场游泳：

五大确定：

1. 确定在规定的区域和时间内：带孩子在有资质的、可游泳的区域游泳。注意识别浴场开放标志。
2. 确定有救援队：确保海滩附近有救生员或紧急救援队；建议在能看到救生员的区域游泳。
3. 确定了解了当天的潮汐：注意潮汐，涨退潮时，不建议下水。
4. 确定了解了天气与水温：了解当地的天气与水温，不适宜游泳时，不下水。
5. 确定了解有关游泳场所的安全信号旗。

游泳区域

户外水域溺水预防

海滩规范区域 / 浴场游泳

海滨浴场游泳还需要注意的安全要点:

1. 泳池中会游泳不等于在海水中会安全地游泳。
2. 帮助孩子了解海滩游泳与泳池游泳的不同。
3. 按照孩子年龄、体重，使用符合标准的救生衣; 佩戴安全救生装置。
4. 在水中，应有效看护您的孩子，与他 (她) 保持一臂距离。
5. 了解紧急时，您该怎样做。

户外水域溺水预防

水上娱乐、游船：

佩戴安全救生装置
· 在水上娱乐或坐船时，应该正确穿救生衣。
· 遵守规则，如不要突然站起，不在船上打闹等。

户外水域溺水预防

提示：
- 有效看护孩子。
- 如在开放水域游泳，一定去有资质、可游泳的场所，确保附近有救生员。
- 正确使用合格的救生装备和漂浮救生用品。

答案：

提问1: 水看上去很浅很平静，游一下没有问题？

答: 水面上看上去浅而平静，水下随处有暗流与深坑。

提问2: 因为大家都在这游泳，所以我也可以游？

答: 一定要去有资质、允许游泳的水域才可以游泳。

🤸 亲子互动

看图A与B：这两个水域有什么不同？哪一水域可以与妈妈爸爸一起去游泳？
请给可以的打 ✔；
不可以的打 ✖。

答案：B正确。此水域有安全员，有资质，可游泳。

平静的开阔水域，风景美丽，有小鱼，有人在游泳。

有安全员，有资质的泳池区域。

👪 亲子互动

A与B，在哪游泳是安全的？
请给"安全"打 ✔ ；"不安全"打 ✘ 。

A: 海滩浴场，在规定的时间内。　　B: 海滩浴场，在规定的时间外。

答案：A 正确。在可以游泳的规定的时间内。

特殊情况下的溺水预防

洪水来到时，我们怎样做：

1. 迅速撤离。
2. 如果不能撤离，向高处走或站到高处。

特殊情况下的溺水预防

洪水来到时，我们怎样做：

3. 利用周围可以利用的救生用具等撤离，如大的水桶等。
4. 带上可与外界联系的物品：通信设备、发声响的设备、亮色布料等。
5. 当被卷入水中时，抓住固定物或救生物。

特殊情况下的溺水预防

车辆落水，我们怎样做：

1. 车刚落入水时，迅速开门或开窗。
2. 水位没有过车门时，尝试是否可开一条缝，让水进入，在车内外压平衡后，打开车门。

特殊情况下的溺水预防

车辆落水，我们怎样做：

3. 车门与窗完全打不开时，用
   尖锐的物品砸车窗角落，如
   逃生锤，汽车头枕下面的两
   根金属棍等。

特殊情况下的溺水预防

冰面落水：

1. 结冰的河面，不是溜冰的场地。因为看似厚厚的冰河面，并非整个河面都是一样的厚度。河面中心也许很薄，一踩就穿。科学测试告诉我们，当水温为0°C时，人的生存时间只有15分钟左右。跌入冰河中十分危险。

特殊情况下的溺水预防

冰面落水：

2. 落入冰河的自救方法：
(1) 不要惊慌，保持镇定，要大声
    呼救。
(2) 尽快抓住未破裂的冰面，利
    用浮力，使身体上部浮出冰面。
(3) 不乱扑打；动作幅度要小，以
    减少身体对冰面的冲击，防止
    冰面二次破裂。
(4) 寻找较厚、裂缝小的冰面
    脱险。
(5) 爬上冰面后，双臂向前伸展，
    慢慢爬行，离开冰窟。

特殊情况下的溺水预防

水上交通事故，我们怎样做：

1. 遭遇水上事故，听从指挥有序下船。
2. 下船前，穿救生衣，带上救生圈，以及通信设备与可发亮的物品。
3. 若要跳水：
(1) 应尽量选择近水面的位置。
(2) 查看水面，要避开水面上的漂浮物。
(3) 不能直接跳入艇内或筏内，以免身体受伤或损坏艇、筏。
(4) 应从船的上风舷跳下，如船左右倾斜时应从船首或船尾跳下。

特殊情况下的溺水预防

水上交通事故，我们怎样做：

4. 在水中不挣扎，保持体力，等待救援，如果穿救生衣或持有救生圈在水中，采取团身屈腿的姿势以减少身体散热。

5. 冬季落水后，不要把衣服脱掉，以免冻伤。

6. 设法发出声响(例如吹救生衣上配备的哨笛)和显示视觉的信号(例如摇动色彩鲜艳的衣物)，以便被岸上的人或其他船只发现。

特殊情况下的溺水预防

提示：
- 洪水来时，如果不能撤离，向高处走。
- 车落水打不开门窗时，应使用尖锐物品砸车窗角落，砸开车窗逃离。
- 溜冰应该去正规的溜冰场所。
- 遭遇水上交通事故，听从指挥有序下船。

🏄 亲子互动：穿救生衣练一练

救生衣在每一条船上都有。正确穿好救生衣才能保证乘船安全。我们现在就来练一练吧。

第一步：将救生衣套上脖子，把带有口哨的一面向前，系好颈部带扣。

第二步：将腰部带，在腰部扣好，拉紧。

第三步：检查所有扣带扣好或系好（如果救生衣有胯部扣带，也需扣好）。

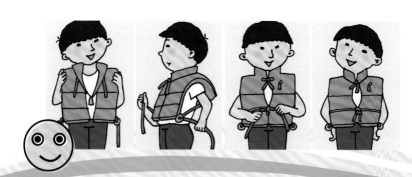

03 溺水发生现象与救援

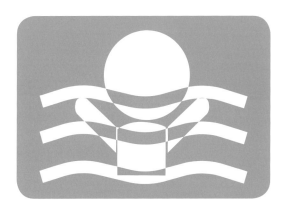

认识溺水现象

提问1
溺水者都会大声叫或拍打水?

提问2
溺水者一定会是平躺在水面上?

认识溺水现象

可以避免的事故

案例1: 3岁幼童游泳课溺水2分钟竟无人发现

2018年8月，在河北张家口市某幼儿园，一名不足3岁的儿童在上游泳课时溺水，老师在游泳池外多次巡查走过未发现。

家长通过手机看到幼儿园监控里孩子溺水，打电话给幼儿园，其他老师才将孩子捞出。此时，孩子已经头向下在水里两分钟，脸色发紫，没有呼吸，只有一点微弱心跳。家长带孩子辗转各医院，抢救历时一个多月，才捡回一条命。

认识溺水现象

可以避免的事故

案例2: 9岁男童游泳池内比水下憋气 被呛到后不幸溺亡

2018年7月2日下午, 一名9岁男孩和家人一起来到周口扶沟县一家水上游乐场内游泳。该男孩之后在水池内和其他几位小孩一起比赛憋气, 结果被水呛到后, 仍保持着憋气的样子, 等到发现溺水已经太晚了。虽经抢救, 还是不幸溺死。

认识溺水现象

溺水者的 10 个现象

头离水面很近，
嘴巴位于水面

头向后倾斜，
嘴巴张开

腿不动，
身体垂直于水面

急促呼吸或喘气

双眼无神，无法聚焦

认识溺水现象

溺水者的 10 个现象

紧闭双眼

头发盖住了额头
或眼睛

试图游向某个方
向，却未能前进

试图翻转身体

做出类似攀爬梯子的动作

认识溺水现象

提示: 溺水是无声且短暂的。
在水中或水边, 应时刻有效看护孩子,
注意识别溺水的表现。

答案:
提问1: 溺水者都会大声叫或拍打水?
答: 往往是无声的。
提问2: 溺水者一定会是平躺在水面上?
答: 不是, 也有可能像站立在水中。

溺水救援

溺水自救

首先不要惊慌，调整呼吸，待口鼻露出水面后，迅速举手呼救，这一动作，往往会引起专业救生员的注意。

溺水救援

溺水自救

如果脚"抽筋",可以拉长"抽筋"的肌肉,让其伸展或松弛。

溺水救援

溺水自救

抓住水中漂浮物，如木板等。

溺水救援

溺水自救

尽可能屏住呼吸,头后仰,暴露出口鼻,并用嘴呼吸。

溺水救援

溺水自救

当救援者出现时，不要惊慌抓抱救援者，而是要听从救援者指挥，让其带你游上岸。

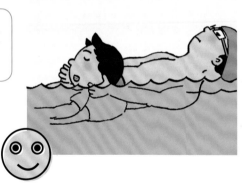

溺水救援

救援他人

1. 大声呼救，
拨打110/120。

溺水救援

救援他人

2. 如果有竹竿，将竹竿递给落水者，递竹竿时要趴在地上，降低重心，保证自己的位置安全，注意避免竹竿戳到落水者的脸。同时，自己不要直接下水。

溺水救援

救援他人

> 3. 将泡沫块、救生圈、密封的塑料空桶等漂浮物，抛给溺水者。

溺水救援

救援他人

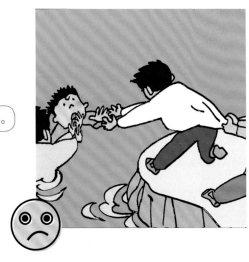

4. 不可多人手拉手下水救援。

溺水救援

救援他人

5. 非专业救援人员不可自己
   下水救人。

溺水救援

**溺水者救上岸后，
生命支持：**

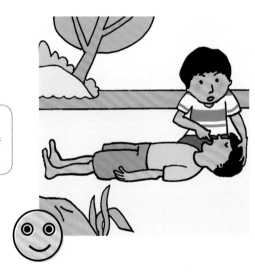

第一步
检查是否有呼吸与心跳，清除口中的淤泥与杂草等。

**现场急救的同时，应拨打
120急救电话！**

溺水救援

溺水者救上岸后，生命支持：

第二步

如果没有呼吸与心跳，先进行5次人工呼吸，然后进行胸外按压30次，之后按照人工呼吸2次、胸外按压30次的比例循环。

现场急救时，通过有效的人工通气迅速纠正缺氧是关键。初始复苏时应该首先从开放气道和人工通气开始。

溺水救援

溺水者救上岸后,
生命支持:

第三步
如果有呼吸心跳,让溺水者侧身,
便于呕吐,及时清除呕吐物。

不要进行任何控水或倾倒体内
积水的做法(如右图)。这样做
不仅会延误急救的黄金时间,
还可能给溺水者造成其他的损伤。

溺水救援

提示:
- 有效地进行人工通气迅速纠正缺氧是淹溺现场急救的关键。
- 不推荐非专业人员下水救援。

亲子互动

遇到他人溺水, 儿童可以做的

1. 喊: 大声呼救周围人。
2. 扔: 寻找周围可利用的漂浮物, 扔向溺水者。
3. 寻求帮助: 联系附近的其他人过来营救溺水者。
4. 确保安全: 确保自身安全, 不试图自己下水。

遇到他人溺水, 儿童不可以做的

1. 自己下水救人。
2. 和同伴手拉手救人。

04 水域安全标示

允许标示、注意标示、禁止标示

教孩子认识这些水域标示、工具与安全标示，
它将帮助您的孩子认识水的危险和自护。

允许标志	注意标志	禁止标志

允许游泳

水深危险

禁止游泳

禁止浮潜

水肺潜水

小心强劲
暗流激流

禁止水肺潜水

禁止潜水

允许标示、注意标示、禁止标示

允许划水

允许冲浪

禁止划水

禁止冲浪

渡口

客渡船标志

游泳场所的信号旗

红黄旗：表示游泳场所有救生员值班。

十字旗：表示游泳场所有医疗服务。

鲨鱼旗：告知附近海域有鲨鱼出没。

水母旗：告知海域有水母，请勿入水。

红旗：告知海域有危险，请勿入水。

05 预防儿童溺水，应知应会

预防儿童溺水，家长应知应会

1. 有效看护

连续不间断地专心看护，并且保持与孩子一臂之内的看护距离。

只有成年人才能有效看护，当孩子结伴而行去水边游泳时，您还是需要自己看护。

当多人看护时，一定要指定专门看护的人员。

2. 消除家中的危险环境

及时清空使用后的水容器。

通过围栏或加盖，隔离儿童与水体。

3. 户外水域安全

在水中或水周围时，时刻看护您的孩子。

带孩子去可游泳的安全水域游泳。

预防儿童溺水，家长应知应会

4. 坐船安全

了解船上救生设备。
给孩子正确穿好救生衣。

5. 教育孩子防护技能

认识溺水危险。
有游泳和玩水中防溺水的意识和技能。
了解正确的救援知识。

预防儿童溺水，孩子应知应会

确保您的孩子：学会 5 个 "不"

1. 不单独去游泳，也不擅自与他人结伴游泳。
2. 不在没有保护措施和救生员的任何地方游泳。
3. 不在没有专业教练指导的情况下跳水或潜水。
4. 不在水中或水边打闹或推他人下水。
5. 不自己下水营救伙伴，也不与他人手拉手营救。

您想了解更多的儿童伤害预防信息吗？

请登录

中国疾病预防控制中心慢性非传染性疾病预防控制中心

网址：http://ncncd.chinacdc.cn/

全球儿童安全组织（中国）

网址：www.safekidschina.org

55检